Ce monde qui vient
Sciences, matérialisme et posthumanisme au XXIe siècle

Questions contemporaines

Collection dirigée par B. Péquignot, D. Rolland et Jean-Paul Chagnollaud

Chômage, exclusion, globalisation... Jamais les « questions contemporaines » n'ont été aussi nombreuses et aussi complexes à appréhender. Le pari de la collection « Questions contemporaines » est d'offrir un espace de réflexion et de débat à tous ceux, chercheurs, militants ou praticiens, qui osent penser autrement, exprimer des idées neuves et ouvrir de nouvelles pistes à la réflexion collective.

Dernières parutions

Nadia BOUKLI, L'échec scolaire des enfants de migrants, Pour une éducation interculturelle, 2014.

Nicole PÉRUISSET-FACHE, Pouvoirs, impostures. Du mensonge à l'encontre des peuples, 2014.

André DONZEL, Le nouvel esprit de Marseille, 2014.

Félicien BOREL, Renaître, ou disparaître, 2014.

Alain RENAUD, Lyon, un destin pour une autre France, 2014.

Blaise HENRION, Eurocopter savait, La vérité sur un crash mortel, 2014.

André PRONE, La fin du capital. Pour une société d'émancipation humaine, 2014.

Philippe QUÊME, Finance et éthique. Le prix de la vertu..., 2014.

Maurice BERTRAND, Machiavel ou l'Illusion réaliste, 2014.

Cyril MARÉ & Rémi RAHER, *Géopolitique de l'Arctique*, 2014.

Chantal PERRAS, La coopération policière globale contre le trafic de drogue transnational, 2014.

Gaby NAVENNEC, Les souffrances sociales. De l'acceptation aux alternatives, 2014.

Julien PINOL, Essais nucléaires : 1961, une apothéose ?, 2014.

Jean-Paul Baquiast

Ce monde qui vient

Sciences, matérialisme et posthumanisme au XXIe siècle

Préface de Paul Baquiast

L'Harmattan

Du même auteur

Le paradoxe du sapiens : êtres technologiques et catastrophes annoncées, préf. de Jean-Jacques Kupiec, J.-P. Bayol, 2010.

L'Europe et le vide de puissance : essai sur le gouvernement de l'Europe au siècle des super-États, J.-P. Bayol, 2008.

Pour un principe matérialiste fort, préf. de Jean-Jacques Kupiec, J-P Bayol, 2007.

Sciences de la complexité et vie politique : comprendre, agir, Automates intelligents, 2003.

Entre science et intuition, la conscience artificielle, Automates intelligents, 2003.

Europe paneuropéenne superpuissance. Automates intelligents, 2003.

Internet et les administrations : la grande mutation, Berger-Levrault, 1999.

Les administrations et les autoroutes de l'information : vers la cyberadministration : stratégies et pratiques, préf. d'Alain Bensoussan, les Éd. d'Organisation, 1996.

La France dans la bataille des technologies de l'intelligence : janvier 1984 - avril 1985, la Documentation française, 1985.

5-7, rue de l'Ecole-Polytechnique, 75005 Paris

http://www.harmattan.fr
diffusion.harmattan@wanadoo.fr

ISBN : 978-2-343-05055-3
EAN : 9782343050553

Préface

Né et éduqué dans une famille imprégnée de radicalisme et de socialisme, enseignant puis proviseur de lycée, historien de l'idée et de la culture républicaines, engagé dans la vie de la cité, j'ai évolué pendant près de cinquante ans parmi les concepts fondateurs de la modernité à la française, ceux de Lumières, de laïcité et d'humanisme. Et puis, un jour, les aléas de la vie ont fait que, alors que nous nous étions perdus de vue depuis une vingtaine d'années, j'ai renoué le lien avec mon oncle Jean-Paul… Un mode de pensée tout à fait nouveau pour moi est alors venu percuter et réinterroger les valeurs et certitudes sur lesquelles était construit mon univers intellectuel. C'est cette expérience que j'aimerais faire partager au lecteur en lui faisant découvrir cet opuscule, petit par la forme mais grand et lumineux par le fond.

Jean-Paul Baquiast est bien connu de ceux qui s'efforcent de penser le monde de demain au gré de l'évolution des sciences. Co-fondateur de l'association et du site

Automates intelligents, d'une culture scientifique à la fois encyclopédique et constamment à jour des dernières publications, il est l'un des rares Français à écrire et publier avec une compétence reconnue sur le sujet. Appuyée sur les recherches les plus pointues, sa réflexion n'en est pas moins globale et globalisante, proposant de décrypter sous tous ses aspects le monde nouveau porté par le développement des sciences et des techniques.

C'est ce monde qui vient auquel il est proposé au lecteur de s'initier ici.

- D'abord en s'attardant sur les derniers acquis des sciences d'aujourd'hui et sur les champs qu'elles exploreront demain.

- Puis en insistant sur la nécessité d'un sursaut matérialiste pour préserver la pureté de la démarche scientifique.

- Et, enfin, en regardant la manière dont les sciences, en bouleversant notre conception et notre appréhension du monde, viennent réinterroger les philosophies et valeurs qui sont les nôtres, et en tout premier lieu l'humanisme.

La nécessaire réaffirmation du matérialisme au sein de la science n'est rien d'autre que la réaffirmation du principe laïc. Il ne peut y avoir de science que si le scientifique, dans l'exercice de sa fonction de scientifique, repousse dans la sphère privée ses convictions religieuses, philosophiques et politiques personnelles. Or, cette laïcité scientifique est aujourd'hui menacée, tandis que tentent de se constituer des sciences se définissant comme chrétienne, islamique, bouddhiste ou autre, qui oublient que la science doit valoir pour tous les hommes. Leur grand ennemi est le darwinisme et tout ce qui, dans la science, semble contredire la littéralité des textes religieux. Face à cette offensive conservatrice et religieuse, Jean-Paul Baquiast en appelle à un nouveau matérialisme, beaucoup plus radical que son prédécesseur, plus solide aussi car appuyé sur les derniers acquis de la science.

La question du devenir de l'humanisme, abordé dans la dernière partie de cet ouvrage, est cruciale. Né et développé à la Renaissance avec la redécouverte de la civilisation gréco-romaine, l'humanisme reste-t-il pertinent pour penser le monde qui vient dans lequel le concept d'humanité est peut-être dépassé ? Que faut-il en garder ? Faut-il parler de posthumanisme, de transhumanisme ou, comme le suggère l'artiste-philosophe québécois Hervé Fischer, d'hyperhumanisme ? Longtemps force de progrès et de résistance à l'obscurantisme religieux, l'humanisme vieillissant de notre temps, s'il n'y prend pas garde, s'expose paradoxalement à devenir une force conservatrice et anti-scientifique alliée aux forces rétrogrades des Eglises et des intégrismes qui ont pourtant toujours été ses ennemis.

Il est vrai que l'avenir peut faire peur. Car la posthumanité, caractérisée par un homme augmenté, à l'abri des maladies, voire de la mort, sera le sort d'une minorité, celle qui disposera des moyens économiques lui permettant d'y parvenir. Cette posthumanité définira ses propres valeurs et codes moraux, applicables à elle seule. Comme dans le film Elisyum, l'humanité restera le sort de la masse. Mais une humanité pauvre, malade, sous-développée et exploitée. Sous elle se développera une nonhumanité, composée de robots et des humains que l'on souhaitera excommunier et rejeter dans cette catégorie pour s'en débarrasser.

Ce monde effrayant, raciste et ségrégationniste que ne renieraient pas Hitler et les nazis n'est pas une fatalité. Le pire n'est pas forcément à venir. Mais encore faut-il que l'humanisme contemporain, s'il veut se survivre et innerver de ses valeurs l'organisation future des sociétés, sache adopter les bonnes lignes de conduite intellectuelle. La première est d'entendre ce que nous dit la science et comprendre les possibles vers lesquels elle nous mène. La deuxième est de revisiter ses fondamentaux afin de les distinguer des postures figées l'empêchant de penser les temps présents et à venir à l'aune de ses véritables valeurs, basées sur la rationalité, la connaissance, l'éducation, l'ouverture à l'autre, le libre arbitre et la dignité égale de tous les êtres humains. Un champ immense d'investigation s'ouvre à l'humanisme. Alors que le premier humanisme a été l'affirmation de l'individu arraché à ses chaines d'appartenances sociale et religieuses, l'humanisme de demain devra être celui de l'ouverture aux réseaux d'échanges et aux chaînes de solidarité, ainsi qu'une plus grande communion avec ce qui n'est pas humain au sein de la nature comme, un jour peut-être, au sein du monde de l'artificiel.

Le monde qui vient sera ce que nous en ferons. Encore faut-il avoir le courage de le regarder en face. Du courage, oui ! D'abord, car cela demande un effort. Au-delà des œuvres de sciences fiction, au-delà des prophéties poétiques ou cauchemardesques des vulgarisateurs, il convient de prendre connaissance avec précision de ce que nous dit la science. Ce qui, dans un pays comme la France où la culture scientifique de base est très modeste, est déjà en soi un défi. Du courage, ensuite, car il faut oser questionner ses certitudes et ses schémas usuels de pensée. Il faut être prêt à déconstruire ses représentations pour mieux en construire de nouvelles en phase avec le présent et l'avenir.

C'est à ce bel effort, au fond profondément démocratique et reposant sur une réelle confiance en l'homme, que nous invite Jean-Paul Baquiast dans les lignes qui suivent.

Paul Baquiast
Président de l'Association des amis d'Eugène et Camille Pelletan

Propos liminaires

S'interroger sur l'avenir constitue un exercice politiquement et socialement indispensable. Certes, la prospective ne permet pas toujours de prévoir un avenir qui se déroule sur un mode dit chaotique par les scientifiques (le fameux effet « aile de papillon »). Mais, fort souvent, elle provoque d'utiles et saines réactions de défense à l'égard des risques dénoncés. Ainsi, les prévisions du Club de Rome ont nourri de nombreuses politiques de défense de l'environnement. Bien évidemment, ces réactions de défense suscitent de nouveaux risques que de nouvelles prospectives doivent s'efforcer de faire apparaître.

Sur quelles durées porter l'attention ? À 10 ans, les changements prévisibles seront peu perceptibles, noyés dans la poursuite des contraintes actuelles. Néanmoins, des évènements totalement surprenants pourront survenir. Il faut s'y préparer. À 20 ans, des changements importants ou très importants surviendront nécessairement, sauf catastrophes globales qui doivent elles-mêmes être envisagées. À plus long terme, 50 ou 100 ans, les prévisions seront nécessairement démenties par les évènements.

Mais, comme il vient d'être indiqué, s'y livrer reste nécessaire. Des changements radicaux seraient donc à prévoir. Au-delà, on rentre dans le domaine de la science-fiction. Mais celle-ci, qui comporte le mot science, n'est pas inutile non plus, ne fut-ce que par son effet éducatif.

Chapitre I : Les sciences

Les sciences et les technologies sont, aujourd'hui, les facteurs les plus puissants parmi ceux induisant des transformations radicales au sein du monde global ainsi que des philosophies et des morales collectives.

Cet exposé s'arrêtera sur trois grands domaines, ceux de la biologie, de l'artificiel et du spatial (espace). Il ignorera, parce qu'ils sont mieux documentés dans la littérature courante, ceux de l'énergie et des matériaux, y compris les nanotechnologies. Une prospective plus complète devrait évidemment les prendre en compte.

Biologie génétiquement modifiée et biologie synthétique

Les développements futurs de la biologie découleront pour l'essentiel de la généralisation des applications de la génétique, ou plus exactement de la génomique (connaissance et modifications du génome, non reproductif ou reproductif).

On distingue les espèces dotées de génomes dont un certain nombre de groupes de gènes ont été modifiés ou interchangés à partir de souches naturelles et celles dont les génomes sont totalement artificiels (à partir d'éléments biochimiques de synthèse). Dans le premier cas, on parle de biologie génétiquement modifiée, dans le second de biologie synthétique. Cette dernière est encore exceptionnelle mais se généralisera, conjointement avec la première. Une grande partie des espèces vivantes en contact avec l'homme seront partiellement ou totalement modifiées dans le demi-siècle. D'ores et déjà existent de nombreuses études envisageant les besoins à satisfaire et les solutions grâce à ces techniques :

Virus, bactéries et micro-organismes. L'objectif sera d'obtenir, à partir de ressources largement disponibles (par exemple déchets transformés grâce à des bactéries photosynthétiques), des produits ou de l'énergie actuellement rares.

Végétaux. Seront développés des végétaux terrestres ou océaniques encore inconnus aujourd'hui capables de s'adapter aux régions rendues infertiles par les transformations en cours des milieux naturels.

Animaux supérieurs. Le même objectif conduira à produire des animaux d'utilisation ou de consommation courante plus économes ou plus efficaces en termes d'obtention de ressources d'origine agricole. Ces termes d'utilisation et de consommation suscitent des critiques, car ils paraissent instrumentaliser l'animal. Il faut cependant ne pas nier les réalités. Cela n'empêchera pas dans ces cas comme aujourd'hui de respecter ce que l'on commence à nommer les droits de l'animal. De nouvelles variétés ou espèces se multiplieront. Les hybridations d'espèces elles-mêmes génétiquement modifiées se multiplieront, faisant disparaître des classifications traditionnelles depuis Cuvier. De plus en plus, par ailleurs, les cellules extraites de tissus présentant un intérêt économique seront cultivées *in vitro* à large échelle. D'ores et déjà une viande de synthèse a été proposée expérimentalement à la consommation. Les espèces « historiques » ne seront conservées qu'à titre documentaire.

Espèce homo-sapiens. Très vite enfin, pour des raisons thérapeutiques ou afin d'améliorer les descendances, le génome humain sera marginalement puis, plus systématiquement, modifié. Les avantages, en termes de lutte contre les maladies, d'amélioration des performances physiques et mentales, de longévité, seront tels que ces modifications seront très globalement acceptées, sinon recherchées. La voie à des recherches conduisant à l'apparition de posthumains sera ainsi ouverte. Mais, pour des raisons dites éthiques, elle sera, au moins initialement, explorée avec précaution.

L'artificiel

On appelle sciences et technologies de l'artificiel toutes celles visant à « augmenter » (selon l'expression consacrée), puis à remplacer le vivant, l'humain, le conscient.

D'ores et déjà, le domaine de l'artificiel a très largement envahi et transformé les milieux naturels et les sociétés humaines. Contrairement aux techniques de la génomique, celles de l'artificiel ont une capacité de prolifération, d'accélération qualitative et finalement de croissance exponentielle en face desquelles les valeurs de l'humanisme traditionnel ne pèsent guère. Elles se développeront initialement en parallèle, sinon en interaction, avec les modifications du vivant décrites dans la rubrique précédente. Assez vite, elles s'autonomiseront, échappant éventuellement aux contrôles politiques classiques.

On pourra, par commodité, distinguer, au moins au début, quatre grandes directions de réalisations. Mais en fait, elles se superposeront ou s'interconnecteront, sur le mode dit de la convergence précédemment évoqué :

L'homme augmenté. Il s'agit, d'ores et déjà, d'un homme doté de prothèses de plus en plus autonomes. Elles permettent et permettront de suppléer à diverses invalidités ou manques affectant l'humain. Mais progressivement, compte tenu des augmentations de performance qu'elles assurent, elles seront de plus en plus demandées par les personnes disposant de ressources suffisantes. On distinguera les prothèses augmentant les performances des organes sensoriels et moteurs, celles concernant les organes internes et finalement celles appliquées au système nerveux et au cerveau lui-même. Dans ce dernier cas, à côté de techniques dites invasives, seront proposées des commandes à distance dirigées non seulement par la parole mais par la pensée. En parallèle seront développés des dispositifs susceptibles de modifier en profondeur les capacités d'animaux jugés aptes à opérer utilement avec des humains.

Les robots. Le terme s'applique de plus en plus, non à des automates agissant sur un mode déterministe, comme au sein de chaines de production de plus en plus obsolètes, mais à des systèmes autonomes, capables d'adaptations et de prises de décisions dépassant les compétences des humains et pouvant de ce fait intervenir dans des milieux et avec des temps de réponse très supérieurs à ce que permettent des machines et des commandes classiques. On trouvera de tels robots partout où leur mise en œuvre sera jugée susceptible d'apporter des profits et des gains de pouvoir inenvisageables autrement. Pour des raisons faciles à comprendre, ce sera le domaine de l'armement qui bénéficiera en premier lieu de ces recherches. Nous pouvons évoquer les drones dits UAV (Unmanned Aerial Vehicle) déjà capables en théorie d'identifier seuls des cibles et décider de les détruire. D'autres appareils dotés de possibilités équivalentes sont développés autour de véhicules terrestres ou maritimes, qu'ils soient maritimes ou civils. La même tendance se dessine dans un grand nombre de domaines purement civils, par exemple en chirurgie.

Dans quelques années seront expérimentés, dans la perspective de l'exploration planétaire, des robots et flottes de robots susceptibles d'agir seuls, loin des centres de contrôle terrestres, en procédant à diverses opérations visant à la découverte et la transformation du milieu nécessaires à l'arrivée ultérieure de colons humains. Ce n'est pas le cas des actuels « rovers » américains opérant sur Mars, qui ne disposent que d'autonomies limitées. Dans les laboratoires, les robots prennent déjà et prendront toutes les formes et tailles imaginables, travaillant seuls ou de plus en plus en groupes. Les chercheurs en cognition artificielle ont déjà réussi à leur faire développer, en « essaims », des comportements symboliques et langages sociaux originaux, non imposés par l'humain, sur un mode analogue à celui dont ont bénéficié les premiers humains. Une fois autorisés à s'émanciper véritablement, on peut penser que ces populations de robots feront émerger des formes de pensée et même de conscience artificielle, s'organisant en cultures, aussi performantes et sans doute plus originales que celles dont s'enorgueillissent les sociétés humaines. Ceci sera particulièrement précieux, non seulement dans la compréhension des milieux spatiaux où ils opéreront, mais dans la vie quotidienne.

Les humains numérisés. Le sujet est complexe et en bouleversement permanent. Disons pour simplifier qu'autour des réseaux téléphoniques ou internet et de leurs successeurs se multiplient les traces numériques qu'y laissent les humains. Il s'agit de doubles numériques de ceux-ci. Chaque échange, dans quelque domaine que ce soit, public ou privé, est désormais enregistré et accessible à tous. Il en est de même des informations fournies par les objets utilisés (l'internet des objets), la géolocalisation des utilisateurs et un nombre croissant d'informations privées les concernant.

Beaucoup de ces informations sont prélevées à l'insu des entreprises et des individus concernés, mais d'autres sont fournies volontairement par des personnes en espérant un avantage de notoriété. Ces milliards de traces par jour, dites aussi « big data », sont dorénavant stockées sur des serveurs aux capacités apparemment sans limites. Elles sont exploitées par des logiciels ou algorithmes qui peuvent soit fournir des informations précises sur un individu présentant des caractères intéressants, soit des données dites statistico-probabilistes intéressant les comportements globaux de tels ou tels groupes.

Le coût de ces serveurs et de ces logiciels restera important. Ils ne sont pour le moment mis en place que par des services de renseignement et d'espionnage gouvernementaux, tels la National Security Agency américaine venue récemment à l'actualité grâce à la dénonciation d'un « semeur d'alerte », Edward Snowden. Mais les grandes entreprises du web, encore principalement américaines, Google, déjà citée, Facebook, Youtube, Microsoft, enferment de plus en plus les individus, consentants ou non consentants, dans ce que beaucoup d'observateurs proposent d'appeler un goulag numérique. Elles se comportent en fait comme ce que l'on pourrait appeler des « prédateurs souriants »

Un point essentiel à noter intéresse l'autonomisation croissante des logiciels statistico-probabilistes. Ils prendront de plus en plus seuls des décisions que l'on croyait réservées à des humains. C'est déjà le cas dans le domaine boursier dit du « trading à haute fréquence ». C'est sans doute aussi le cas dans certains domaines de la défense et de la sécurité, compte tenu de l'impossibilité de gérer humainement les flots de « big data » provenant des dispositifs physiques de surveillance (par exemple les réseaux de caméras de vidéosurveillance). Tous les secteurs de décisions susceptibles de faire appel à des big data seront progressivement concernés, ainsi dans le domaine médical.

Les cerveaux humains artificiels. Ce terme pourrait s'appliquer à tous les cerveaux virtuels qui prolifèrent désormais sur le web. Mais il est préférable de le réserver aux recherches de grande ampleur concernant la modélisation et la simulation du cerveau humain et de ses principales fonctions dans les domaines sensori-moteur et cognitif. La tâche est potentiellement immense, le cerveau humain étant réputé comme l'objet le plus complexe de l'univers.

Plusieurs techniques sont utilisées aujourd'hui par la modélisation du cerveau. Il faut d'abord observer l'objet cérébral : observation clinique, appel à l'imagerie cérébrale, analyse microscopique de tissus nerveux ou de cerveaux d'animaux. Il faut ensuite utiliser ces observations pour construire des cerveaux artificiels faisant appel à des supports informatiques et à des logiciels adaptés. Deux grands projets sont actuellement à l'œuvre, un projet européen dit Human Brain et un projet américain dit BRAIN (Brain Research through Advancing Innovative Neurotechnologies). Ils sont prévus pour se développer pendant au moins une décennie.

Beaucoup de spécialistes estiment qu'un robot humanoïde, disposant d'un tel cerveau artificiel et de toutes les richesses informationnelles de l'internet, pourrait voir le jour dans les 20 à 30 prochaines années. Sans attendre se multiplieront vraisemblablement des versions partielles de cerveaux artificiels consacrées à l'exploration de divers domaines stratégiques – ou simplement à l' « augmentation » des capacités cérébrales de personnes volontaires.

Le spatial

Depuis bientôt 40 ans, le spatial proche de la Terre (dit suborbital, en dessous de 35 000 km) a fait l'objet d'une exploitation intense, militaire et civile. Dans le même temps se sont multipliées les missions scientifiques visant la Lune, Mars, et plus généralement le système solaire ou au-delà. La Russie, les Etats-Unis, l'Europe et aujourd'hui la Chine, précédant d'autres nations asiatiques, ont beaucoup investi dans ces divers domaines. Les Etats-Unis ont lancé le concept de « full spatial dominance » qui pour eux exprime le stade supérieur de leur volonté de domination mondiale. Quant à l'exploration scientifique, elle répond à un désir presque irrationnel de connaissance, aussi lointains que soient les objets étudiés, paraissant profondément ancré dans les psychismes humains.

Il est donc possible de prévoir que les investissements de recherche se poursuivront, en dehors même des objectifs purement technologiques, liés au développement des satellites de communication et d'observation. Ces perspectives sont bien connues. Il est inutile de les développer ici.

Nous pouvons par contre évoquer un thème à la limite de la science-fiction, qui sera de plus en plus ressenti comme important dans les prochaines décennies et justifiera un certain nombre de recherches, fussent-elles dépourvues d'applications pratiques immédiates. Il s'agit de la nécessité où se trouvera inexorablement l'humanité, sous ses formes actuelles ou futures, de se réfugier ailleurs que sur la Terre en cas de catastrophe d'ampleur cosmologique. Une association américaine, baptisée_Lifeboat Foundation, Sauveguarding Humanity , se consacre à envisager les scénarios catastrophiques susceptibles de se produire et les protections possibles. Elle attire à elle un certain nombre de scientifiques et de donateurs de renom.

La survie hors des limites du système solaire proche ne sera jamais envisageable, dans les technologies spatiales d'aujourd'hui ou du prochain siècle. Les lois de la relativité interdisent en effet à des mobiles d'origine terrestres de se déplacer à des vitesses suffisantes pour atteindre un astre fut-il proche comme Proxima du Centaure. Mais qu'en serait-il si ces limitations théoriques étaient modifiées, à la suite de modifications des représentations cosmologiques. Newton, par exemple, en son temps, aurait jugé impossible d'échapper à la gravité terrestre.

Or aujourd'hui, divers théoriciens recherchent des modèles d'univers, ou même d'univers multiples (multivers) correspondant à la fois aux contraintes de la physique einsteinienne et aux possibilités de la physique quantique. Pour celle-ci, les observables quantiques sont dotés de propriétés « bizarres » (« weird », selon le terme d'Einstein) telles que la superposition d'état, la non localité ou l'intrication qui remettent en cause les propriétés d'espace ou de temps, ainsi que l'unicité de l'univers. La physique macroscopique commence à étudier des particules matérielles, dites bits quantiques, qui dans certaines conditions peuvent bénéficier de ces propriétés.

Une synthèse entre les deux physiques, entreprise sous le nom de gravitation quantique, se heurte à beaucoup de difficultés, mais se poursuit actuellement. Elle ou d'autres voisines pourraient finalement aboutir et faire espérer pour les humains, sinon des voyages dans le multivers (d'un univers à l'autre), du moins la levée d'un certain nombre d'obstacles s'opposant aux déplacements dans notre espace-temps actuel. Le sujet est si motivant que les ressources humaines et matérielles nécessaires à son étude ne manqueront certainement pas dans les prochaines décennies.

Chapitre II : Le matérialisme

Nous pensons que les sciences sont matérialistes et que le matérialisme se doit d'être scientifique. Certes, beaucoup de scientifiques se réfèrent hors de la science à telle ou telle religion. Mais, s'ils sont « professionnels », ils essaieront toujours de faire le départ entre leurs recherches et leurs croyances. Il s'agit de deux mondes qui ne peuvent se mélanger. Si cette barrière n'est pas respectée, on verra, comme c'est malheureusement de plus en plus le cas, s'affronter des « sciences » aux contenus différents et incompatibles : science chrétienne, science islamique, science bouddhiste, etc.

Le matérialisme scientifique est une sorte de laïcité. Il préserve la neutralité de la science, afin d'en faire une démarche valant pour tous les hommes, quelles que soient leurs convictions philosophiques, politiques ou religieuses.

Il est de moins en moins facile aujourd'hui de se dire matérialiste. Les matérialistes ne doivent pourtant pas hésiter à s'affirmer comme tels, y compris de façon radicale. Il convient de rechercher toutes les conséquences du postulat matérialiste sans se laisser arrêter par le souci de ménager les susceptibilités de ceux qui le récusent et, par là même, récusent la science.

Le postulat matérialiste

Rappelons que le terme de postulat désigne en science un principe non démontré utilisé dans la construction d'une théorie mathématique. Au sens plus général, il s'agit d'une hypothèse ou supposition très forte, très vraisemblable, autour de laquelle l'on essaiera de proposer des expériences susceptibles de la contredire. C'est cette démarche qui fonde les sciences dites expérimentales, sur lesquelles s'appuie le matérialisme.

Le postulat matérialiste repose sur l'idée que l'univers tout entier, y compris l'homme et son esprit, relève d'une évolution spontanée de ses constituants physiques, énergie et matière, sans intervention d'une puissance divine, quelle que puisse être la forme prêtée à cette dernière. Il s'oppose au spiritualisme qui postule le contraire. Pour le spiritualiste, au-delà ou en deçà de l'univers matériel existe une puissance spirituelle qui est responsable de l'apparition et de l'organisation de la matière, de la vie et de la pensée. Dans les sciences, le matérialiste se refuse à expliquer par l'intervention divine les phénomènes qu'il n'est pas encore capable d'élucider. Au contraire, le spiritualiste, sans pouvoir non plus le démontrer, croit déceler partout le rôle fondateur ou organisateur du divin.

On dit aussi que le matérialisme est moniste. Le monisme est une conception métaphysique qui affirme que le monde est composé d'une seule substance, que cette substance se trouve en toutes choses et qu'elle est toutes choses. Pour le monisme matérialiste, cette substance est la matière. La définition de la matière a varié au cours des âges mais l'objet de la science matérialiste est d'en préciser le contenu en fonction de l'évolution des connaissances. Nous avons vu précédemment que les particules quantiques, ou qu-bits, manifestent des propriétés très éloignées de celles de la matière physique macroscopique, ou de celles de la biologie. Il s'agit cependant, pour le matérialiste, de matière. Le spiritualisme au contraire est dualiste. Pour le dualisme, le monde est constitué non d'une substance, mais de deux. Le dualisme spiritualiste (car il existe plusieurs sortes de dualisme dans la tradition philosophique) distingue deux substances, la matière et l'esprit, ce dernier n'étant pas réductible à la matière, mais étant – pour les spiritualistes religieux – lié au divin.

Le matérialisme scientifique, en application du postulat matérialiste et afin de vérifier sa pertinence, s'efforce de faire apparaître les causes physiques permettant d'expliquer les phénomènes, y compris les phénomènes spirituels. Chaque fois que possible, il en extrait des lois qui de proche en proche s'organisent en un vaste ensemble de connaissances. Ces lois sont constamment remises en question et adaptées pour tenir compte des nouvelles expériences observationnelles. Elles ne sont pas censées décrire un réel existant en dehors de l'homme. Ce ne sont que des constructions réalisées à partir de l'interaction entre les cerveaux humains, les instruments et un « réel » dont la vraie nature demeure inconnue. Mais elles présentent, pour les scientifiques et ceux qui croient à la valeur de la science, l'immense intérêt du fait qu'à chaque instant elles sont le produit d'un consensus entre la vaste communauté des chercheurs.

Il en résulte que le matérialisme scientifique ne se satisfait pas des explications faisant appel au surnaturel. Ces explications refusent le passage par les instruments, qui sont la partie pivot du trio « cerveaux – instruments - réel supposé » évoqué ci-dessus. Elles ne sont donc pas vérifiables par l'expérimentation scientifique, objective et reproductible, qui fonde la connaissance scientifique. Mais le matérialisme n'est pas borné. Que ceux qui croient à l'effet moteur du surnaturel en apportent des preuves matérielles que chacun puisse reproduire. Le scientifique matérialiste acceptera de les examiner.

Refuser le recours au surnaturel signifie refuser de recourir au divin comme facteur explicatif des origines ou des fins. Ce processus de refus, entrepris à partir du Siècle des Lumières en Europe, a été un grand succès puisqu'aujourd'hui, la plus grande partie des phénomènes qui étaient présentés par les religions comme des mystères à accepter sans discussion a été analysé et rationalisé. Mais la science avance et les frontières de la connaissance, tout en s'éloignant, découvrent sans arrêt de nouvelles zones d'ignorance. Les spiritualistes ne désarment pas. Ils ne tardent pas à occuper ces espaces pour y réimplanter le divin. Le matérialisme scientifique, de son côté, ne baisse pas les bras non plus. Constamment, les scientifiques travaillent pour essayer de comprendre ce qui leur échappe encore. Quand ils ne le peuvent pas, ils réservent le sujet à des recherches ultérieures, pour eux ou leurs successeurs.

Ils n'adoptent pas la solution de facilité consistant à abandonner le terrain aux spiritualistes.

Faux procès

Dans la vie courante, le matérialiste a toujours été présenté par ses ennemis comme un jouisseur sans idéal. Pourtant le matérialisme est une posture qui demande un certain courage puisqu'elle oblige à refuser tous les réconforts que la prière, les textes sacrés ou les cérémonies rituelles mettent à la disposition du croyant quand il est confronté aux difficultés de l'existence, à la mort de ses proches et à la sienne propre. Le matérialiste n'est donc pas cynique ou nihiliste. Il refuse de s'intéresser exclusivement à sa propre personne ou à ses seules relations. Il tente de se projeter au niveau de l'humanité entière, dont il essaye de prendre en considération les intérêts. S'il est scientifique, son idéal est de contribuer aux développements de la connaissance universelle. Certes, il peut rechercher ce faisant des récompenses sociales, celles notamment de la renommée académique. Mais ces dernières, au moment de la mort, ne comptent plus guère et l'on juge les vrais matérialistes à leur stoïcisme en cet instant suprême.

On reproche aussi au matérialiste de désenchanter le monde, en s'interdisant les ouvertures sur les mythes et en imposant un regard terre-à-terre. Mais nous pensons qu'il n'en est rien. Le matérialisme conçoit le monde comme un espace ouvert à tous les possibles, dès lors qu'ils restent dans les limites de la science, limites qui ne cessent de s'étendre au fur et à mesure que celle-ci progresse, sous l'impulsion de l'imagination créatrice. Y a-t-il quelque chose de plus prodigieux que les univers multiples évoqués plus haut, aujourd'hui explorés par la cosmologie théorique ? Les religions au contraire tendent à ramener l'homme à une conception du monde ancestrale, non susceptible de changer, qu'il faut admettre sans pouvoir la discuter.

On dit aussi que le matérialisme est appauvrissant, car il nie le sacré dans lequel, à tous propos, les humains se plaisent à se rassembler. Si on considère le sacré comme une croyance qui fait un lien (religion-religere) entre les hommes et si on considère que ces liens sont souvent utiles à la cohésion et à la survie de la société qui les entretient, le matérialisme n'est pas hostile au sacré. Mais il refuse de se faire dicter par des Eglises ou par des états théologiques la liste de ce qu'il doit considérer comme sacré, c'est-à-dire la liste de ce à quoi il n'a pas le droit de toucher. Pour lui, le sacré n'est pas d'essence divine, mais relève de la construction sociale dont les sciences font partie. Comme elle, le contenu du sacré doit donc évoluer.

Sur un autre plan, celui des méthodes scientifiques, il n'est pas toujours bien vu de se dire matérialiste. On se fait volontiers qualifier de réductionniste, sinon de scientiste. Le réductionnisme est une méthode scientifique consistant à décomposer un objet complexe en éléments plus simples dont on analysera la nature et le rôle, dans l'espoir de comprendre le fonctionnement de l'ensemble. La méthode réductionniste est indispensable, mais elle a l'inconvénient de faire perdre de vue le fait que la combinaison d'éléments simples crée une complexité que l'on ne peut percevoir qu'en se plaçant au niveau de l'ensemble, autrement dit du tout. La prise en considération du tout, qualifiée quelquefois de méthode « holiste », doit être conduite en parallèle avec l'analyse réductionniste. Le scientisme désigne la tendance de certains scientifiques à vouloir appliquer la méthode d'analyse scientifique, y compris sous la forme faisant appel aux mathématiques et aux statistiques, à des problèmes trop complexes pour être résumés en quelques formules. Le scientisme est certes un défaut de l'esprit un peu agaçant. Mais il traduit une foi en la science qui ne peut qu'être encouragée. On peut toujours discuter rationnellement avec un scientiste et le conduire à nuancer des hypothèses ou déductions. Ce n'est pas le cas lorsque l'on affronte un esprit qui refuse systématiquement l'approche scientifique, en arguant de ce que celle-ci n'est pas adaptée au traitement des problèmes rencontrés, et que de toute façon le Coran ou l'Evangile ont tout prévu et répondent à toutes les questions. Il ne reste plus alors que le recours aux incantations.

Lorsque les ennemis du matérialisme qualifient ce dernier de réductionniste ou de scientiste, ils veulent aussi dire que le matérialiste se refuse à prendre en considération la face invisible des choses, l'esprit, l'âme qui selon eux sont dans la nature et se traduisent par des mythes. La critique n'est évidemment pas davantage acceptable par le matérialiste. D'une part le matérialisme ne prétend pas réduire toutes les connaissances humaines aux connaissances scientifiques. Un grand nombre de connaissances, y compris dans le monde occidental dit développé, prennent encore une forme intuitive ou empirique, faute d'avoir pu faire l'objet de travaux scientifiques suffisants. Le matérialisme ne nie pas leur intérêt. D'autre part, le thème de l'esprit constitue pour le matérialisme un domaine de recherches et de réflexions. On peut d'ailleurs penser que l'analyse matérialiste interdisciplinaire qui s'attache à analyser ce que désignent ces concepts d'esprit et d'âme, aussi bien d'ailleurs chez l'animal que chez l'homme, va autrement plus loin dans la compréhension du supposé ineffable que celle des spiritualistes. Nous y reviendrons. Il s'agit d'un point fondamental.

Si pour aggraver son cas, le matérialiste se dit convaincu de la nécessité de proclamer haut et fort la vertu de son point de vue, afin de le défendre des attaques permanentes qu'il reçoit des tenants du spiritualisme, alors il est accusé de fanatisme. On l'accuse de vouloir relancer une bataille des idées que certains disent terminée – terminée bien entendu par la défaite des matérialistes survenue quelque part dans le courant du 20e siècle.

Le retour en force du dogmatisme religieux

Le retour en force, dans le monde contemporain, y compris dans la culture européenne, d'un spiritualisme agressif ne peut plus être dissimulé ni pris à la légère. Les scientifiques eux-mêmes sont désormais sommés de choisir leur camp par les nouveaux combattants de la foi. On sait où et comment s'exprime ce spiritualisme de combat. Aux Etats-Unis, il s'agit de l'offensive des tenants du Dessein Intelligent ou Intelligent Design (ID). La doctrine du Dessein Intelligent veut prouver que l'évolution biologique a créé des formes trop complexes pour que celles-ci résultent du mécanisme de la sélection naturelle laquelle, globalement, depuis Darwin, permet d'expliquer la diversification des espèces vivantes. Dieu aurait donc été nécessaire pour orienter l'évolution et faire apparaître l'homme et son esprit, reflet de l'esprit divin. L'ID se veut une théorie scientifique à opposer à la théorie adverse, le Darwinisme. La prolifération récente des Eglises et sectes évangéliques en fait un article de foi, imposé sans discussion à des millions d'enfants. Les matérialistes pour leur part considèrent que l'ID n'est pas une théorie scientifique. Elle n'offre aucun argument scientifique sérieux permettant d'en faire une théorie crédible à opposer au darwinisme. Mais les biologistes et paléontologistes américains sont désormais obligés de se battre, y compris devant les tribunaux, pour défendre leur droit à enseigner le darwinisme à l'exclusion de toutes autres doctrines d'inspiration religieuse. Heureusement, ils trouvent le renfort de l'élite de la communauté scientifique mondiale, au premier rang de laquelle il faut placer le grand biologiste évolutionniste britannique Richard Dawkins.

Aux Etats-Unis il n'y a pas que les tenants de l'ID pour combattre le matérialisme scientifique. Sait-on qu'une grande majorité des chrétiens évangélistes sont convaincus que le monde marche à grands pas vers une fin prochaine de type catastrophique (Armageddon) laquelle permettra l'avènement du Christ-Roi ressuscité et le tri entre les Bons et les Mauvais. C'est leur droit. Mais que dire lorsque, comme certains rapports présentés par des associations de scientifiques le montrent, ils vont jusqu'à tenter d'obliger ces mêmes scientifiques à ne pas parler du dérèglement climatique afin d'empêcher les mesures de prévention des grandes catastrophes naturelles. Comme celles-ci rapprocheraient le croyant de l'apothéose finale, il est pieux de les laisser se produire. Semblable intrusion de la foi dans le domaine politique est inadmissible.

Certes, les grandes religions n'ont jamais condamné la pratique de la recherche scientifique. Mais elles ont toujours voulu interdire aux chercheurs de traiter de ce qui dans le monde relève pour elles du divin, c'est-à-dire des paroles ou écritures des prophètes. Ne sutor ultra crepidam. Cordonnier, pas plus haut que la chaussure, selon un propos du peintre Apelle. Or malheureusement pour la science, ces paroles ou écritures prétendument inspirées ont été très bavardes. Elles ont voulu pratiquement tout expliquer. Ceci se justifiait à une époque où la science n'existait pas et où les guides qui se chargeaient de conduire les populations s'efforçaient d'avoir réponse à toutes les interrogations. Mais aujourd'hui, reprendre ces explications bonnes pour des communautés de pasteurs et d'agriculteurs à peine sortis du néolithique représente un véritable crime contre l'esprit.

La situation est encore plus préoccupante dans le monde islamique où sévissent dorénavant des militants de la foi pour qui manifestement celle-ci n'est qu'un argument pour conquérir le pouvoir politique. Mais il s'agit d'un pouvoir politique perverti, au sens où nous l'entendons dans les états laïcs, car il se met au service de la religion avec laquelle il se confond. On sait que ces militants de la foi, que ce soit dans les grands pays musulmans ou en Europe, prétendent désormais proscrire les enseignements et recherches scientifiques contraires aux paroles du prophète Mohammed ou aux traditions culturelles de leurs pays. Des imams, en Europe même, interviennent désormais dans les établissements scolaires pour demander que le darwinisme (encore lui) ne soit pas présenté comme une doctrine scientifique. Ils refusent également l'étude de l'anatomie, notamment féminine, ou celle d'un certain nombre d'auteurs jugés sacrilèges. On devine leur souhait profond : que, comme dans les madrasas pakistanaises, l'étude du Coran remplace les cours de sciences et de philosophie laïque.

Les matérialistes européens pourraient prendre ces menaces à la légère, comme ils l'ont fait jusqu'ici des tentatives pour pénétrer l'Europe déployées par les tenants du Dessin Intelligent à l'américaine. Après tout, la confrontation entre la science occidentale et les irrationalismes multiples qui prolifèrent dans nos sociétés n'est pas nouvelle et n'a jamais gêné ni le matérialisme scientifique ni l'athéisme philosophique. Mais il se produit actuellement un phénomène géopolitique de grande ampleur. Il s'agit de l'expansion des populations et des cultures non-européennes sur les territoires géographiques et culturels de l'Europe. Cette expansion, après tout logique, car aucune civilisation ne peut se vouloir étanche, s'accompagne inévitablement d'un effort de conquête idéologique, dont le combat contre le matérialisme est une composante essentielle. Les Européens doivent le savoir et, sans exclure évidemment l'étude des religions et des textes dits sacrés, faire ce qu'il faut pour défendre leurs propres traditions intellectuelles, dont le matérialisme scientifique (complété, rappelons-le, de l'exigence d'une égalité absolue entre les femmes et les hommes) a toujours constitué un des piliers.

Nécessité d'une mise à jour du matérialisme

On nous objectera que beaucoup de matérialistes sont conscients de la menace des spiritualismes militants et n'ont pas attendu notre livre pour réaffirmer la validité de leurs convictions. C'est vrai. Mais nous pensons que dans ce véritable combat, ils ne s'appuient pas suffisamment sur les avancées des sciences, soutenues elles-mêmes par l'indiscutable progrès des techniques, notamment instrumentales (celles auxquelles font appel les instruments scientifiques). En effet, contrairement à ce que disent les détracteurs de ces nouvelles sciences et techniques, toujours prêts à se mobiliser pour défendre la vertu – parfois imaginaire - du passé sans s'intéresser à celle de l'avenir, les théories de la connaissance ont été profondément bouleversées par elles. L'enrichissement corrélatif du tissu social par les technologies de l'information en réseau donne à ce bouleversement une portée démocratique tout à fait essentielle. La philosophie matérialiste devrait s'en trouver considérablement enrichie.

Certes, les connaissances scientifiques récentes ne pourront pas plus que les précédentes prouver la non-existence de Dieu ni plus généralement le postulat athéiste Elles ne pourront pas non plus fonder sur des bases indiscutables le postulat matérialiste. Elles ont un tout autre effet. Elles remettent à leur juste place les visions sommaires du monde et de l'esprit développées il y a quelques millénaires par des sociétés humaines à la survie desquelles elles étaient indispensables. Que dans des pays encore extrêmement pauvres ces visions soient toujours nécessaires au maintien d'un minimum de cohésion, cela peut s'envisager et se comprendre. Mais pourquoi ceux qui ont la chance d'avoir accès à l'éducation et à un niveau de vie acceptable - si ce n'est toujours confortable- s'y accrochent-ils comme à des bouées de sauvetage ?

Alors qu'au XIXe siècle, et même jusqu'au milieu du XXe siècle, le matérialisme scientifique n'avait pas beaucoup d'arguments à opposer au spiritualisme, si aujourd'hui il s'en donnait la peine, il en aurait un grand nombre. Risquons un parallèle : les matérialistes des siècles et décennies précédentes étaient face aux spiritualistes dans la situation de ceux qui pensaient, avant la Renaissance, que la Terre était ronde alors que la plupart la jugeaient plate. Ils ne pouvaient pas réfuter cette affirmation qui semblait inspirée par le bon sens. Aujourd'hui, il suffit de regarder une image satellite pour renvoyer l'ancienne croyance au magasin des antiquités intellectuelles. S'il se trouvait encore des gens pour affirmer que la Terre est plate et que le Soleil tourne autour d'elle, si ces mêmes gens voulaient nous imposer cette croyance sous prétexte que les Ecritures ont dit qu'il en était ainsi, nous n'aurions aucun effort à faire pour refuser d'entrer dans leur jeu idéologique. Or, de nos jours, de plus en plus d'intérêts politiques veulent imposer des croyances contraires aux observations scientifiques ou veulent interdire que l'on mette en question ces croyances en les soumettant à la critique scientifique.

Mais il ne suffit pas à une théorie scientifique audacieuse ou à une technologie innovante d'être nouvelle pour s'imposer. Si les matérialistes s'appuient sur elles pour argumenter, leurs contradicteurs spiritualistes ne vont-ils pas leur reprocher de tomber, face à ces nouvelles sciences et techniques, dans un scientisme de deuxième type ? Ils seraient accusés de se laisser aveugler par les effets de mode et d'accepter les produits d'une science et d'une industrie à la recherche du profit le plus immédiat, en s'interdisant tout recul, toute élévation de la pensée et de la morale. Constamment, en effet, les auteurs et les hommes politiques conservateurs, amplement relayés par les médias, reprochent aux nouvelles sciences et technologies, notamment dans le domaine biologique, de favoriser le dérèglement moral et la déshumanisation des rapports humains. D'autres vont plus loin. Il suffit souvent maintenant d'évoquer les travaux de la génétique et de l'embryologie pour se faire traiter d'eugéniste, voire de Dr Mengele. Les matérialistes ne peuvent évidemment pas laisser ce reproche sans réaction. Ils refusent de laisser le monopole de la morale aux religieux. Ils sont les premiers à dénoncer les abus possibles ou réels des nouvelles technologies. Souvent même, ils s'affirment plus moraux et humains que certains religieux qui, au prétexte de respecter la vie, font des recommandations mortifères aux populations du tiers-monde.

Certes, si le matérialisme renforcé que nous proposons conduisait à prendre comme parole d'Evangile tout ce que les vulgarisateurs des nouvelles sciences en disent, il serait en effet bien naïf. Il serait encore plus coupable s'il ne dénonçait pas les risques de certaines technologies militaires détournées par des dictatures ou des terroristes. En effet, les progrès des sciences ne sont pas principalement le résultat d'un effort altruiste de l'humanité pour améliorer la connaissance. Elles découlent en grande partie d'investissements à finalité militaire ou commerciale. Elles doivent donc être critiquées. Mais cela n'a rien de nouveau.

Les nouvelles sciences et le matérialisme

Nous verrons que ces nouvelles sciences sont capables de renouveler en profondeur la conception matérialiste du monde. Il s'agit d'abord de la physique quantique. On est incapable de dire exactement sur quel type de réel elle se fonde mais ses applications sont multiples, touchant à toutes les autres sciences comme aux outils de la vie quotidienne. Il s'agit aussi des sciences de la vie y compris de la vie artificielle et de la vie synthétique. Il s'agit des infosciences ou sciences de l'information (lesquelles comprennent la robotique intelligente autonome). Il s'agit enfin des sciences cognitives qui, conjuguées aux neurosciences, explorent le cerveau et la pensée

Est-ce à dire que ces nouvelles sciences vont définitivement permettre au matérialisme de s'imposer au spiritualisme ? Certainement pas. Plus les sciences progressent, plus elles font apparaître de complexités qui appellent à leur tour de nouvelles recherches. Il s'agit d'un phénomène d'auto-enrichissement qui nous paraît fondamental pour comprendre la façon dont le cosmos se construit. Mais comme ces sciences flirtent en permanence avec le monde quantique dont nous venons de dire qu'il reste mystérieux dans ses profondeurs, comme elles manipulent, à plus grande échelle, des concepts tels ceux de la vie et de la pensée où le flou le dispute encore à l'indéterminé, elles n'ont pas manqué d'induire dans le public beaucoup de spéculations plus métaphysiques et même irrationnelles que scientifiques. Il n'y a là rien d'étonnant.

En tant que matérialistes, nous nous bornons à témoigner de l'extraordinaire renouvellement des fondations du matérialisme que ces sciences pourraient permettre. Certes, une science en elle-même, et à plus forte raison une technologie, peut servir d'argument indifférencié dans n'importe quel débat philosophique. Par exemple, ce siècle verra se multiplier les robots dits autonomes, c'est-à-dire de plus en plus proches des comportements humains. Les matérialistes y verront une preuve de plus du fait que des systèmes matériels peuvent produire de l'esprit, voire de l'âme, ou, si l'on préfère, des facultés et fonctionnalités analogues à ce que les spiritualistes désignent par ces mots. A l'inverse leurs adversaires spiritualistes se féliciteront de voir l'esprit humain, guidé très vraisemblablement selon eux par une inspiration divine, créer des machines capables de telles performances.

Mais nous pensons que les arguments qu'apporte au matérialisme le développement des nouvelles sciences sont d'une ampleur et d'une pertinence jamais encore rencontrées à ce jour. Leurs perspectives, telles que décrites par les scientifiques concernés ou par des futurologues bien informés, donnent l'impression que se met en place actuellement un monde que les religions, les philosophies, les morales n'avaient absolument pas prévu. Il nécessite pour être compris le recours à des formes de pensée ne faisant plus guère de place aux croyances traditionnelles.

Malheureusement ce monde nouveau reste encore limité à une étroite fraction de l'humanité. Pour qu'il s'étende, un nouveau matérialisme est à créer. Il n'est pas encore possible d'en préciser les détails, mais ses fondations, ses contours et ses principales méthodes de construction commencent à apparaître.

Cela ne se fera pas sans résistances, provenant des matérialistes eux-mêmes. Le monde décrit par les nouvelles sciences ne nous est pas familier. Il nous paraîtra même profondément étranger et, par de nombreux aspects, rebutant. Il ne porte en lui-même aucun message d'espoir. Comme tel, il ne sera pas accepté facilement. Les matérialistes de la vieille école n'y retrouveront pas leurs habitudes séculaires de pensée. Certains seront tentés pour se rassurer d'inventer de nouvelles mythologies d'apparence scientifique qui seront des retours à un spiritualisme n'osant s'avouer. Nous pensons au contraire que pour garder son pouvoir éclairant, le matérialisme devra s'approfondir et, si l'on peut dire, se radicaliser, en ne refusant pas les débats lui permettant de se faire comprendre, mais en refusant toutes concessions. Celles-ci pourraient en apparence lui permettre d'élargir son audience, mais ce serait au prix, si l'on ose dire, de son âme.

Chapitre III : Le posthumanisme

Peut-être nous reprochera-t-on de donner trop d'importance à ce qui n'est peut-être qu'une simple mode intéressant quelques milieux branchés, comme l'étaient en leur temps le structuralisme, le postmodernisme et (si l'on peut l'ajouter aux précédents) le mouvement New-Age. Nous pensons pourtant que, même si le nom de posthumanisme vieillit un jour, la tendance qu'il incarne ne fera que s'amplifier. Elle traduit une lame de fond. Cette lame de fond, c'est le changement, inévitable sauf catastrophe majeure, qu'impose aux sociétés traditionnelles le développement explosif et multiforme des sciences et des techniques, notamment dans le domaine du computationnel et de l'artificiel.

Ce développement est un produit de l'évolution biologique darwinienne. Il n'est pas davantage finalisé ni contrôlé que les autres phénomènes évolutifs. Il crée l'effet de niche permettant à de nouveaux types d'organismes et d'organisations de se développer aux dépens des précédents.

Ceci est aujourd'hui visible dans le monde animal, moins visible mais tout aussi évident dans le monde des bactéries et des virus. Ce l'est moins en ce qui concerne l'humanité. Cependant, de plus en plus, l'idée se fait jour que les hommes, non seulement ont déjà beaucoup changé, mais qu'ils changeront encre plus dans l'avenir. Nous parlons évidemment des hommes immergés dans le mouvement des sciences et des technologies, pas de ceux qui seraient éventuellement laissés de côté. Ces changements seront physiques : le corps humain sera complété d' « augmentations » diverses et son génome lui-même sera modifié. Ils seront aussi, et surtout, intellectuels. Les contenus de connaissance accessibles aux individus ordinaires seront considérablement augmentés et en voie de complexification continue. De plus, et c'est essentiel, ces mêmes individus auront la possibilité de participer personnellement, par l'invention et l'expérimentation, au développement des contenus et des outils de connaissance. L'extraordinaire succès de l'encyclopédie en ligne Wikipédia, entièrement bénévole, en est un exemple

Un point de vocabulaire doit être précisé, avant d'aller plus loin. Le posthumanisme est-il la même chose que le transhumanisme ? Le transhumanisme, d'après le suédois Anders Sandberg, est une philosophie selon laquelle l'humanité peut et doit s'élever vers des niveaux supérieurs, physiquement, mentalement et socialement. Cette philosophie encourage, nous dit Sandberg, la recherche de nouvelles formes de vie, la cryonique, les nanotechnologies, les augmentations mentales et physiques, le téléchargement de la conscience humaine et l'ingénierie à grande échelle. D'autres y ajoutent les sciences dites parallèles. On pourra laisser de côté la cryonique, relevant du folklore, qui vise à conserver les corps par l'ultrafroid jusqu'à ce que des conditions plus favorables permettent de les décongeler. Or, ces directions de recherche participent de celles recommandées aussi par le posthumanisme. Pour ne pas entrer dans des discussions sémantiques, on pourrait admettre que le posthumanisme inclut diverses philosophies qui, sous des noms différents, visent à dépasser l'humain actuel par le recours aux sciences émergentes et à leur inclusion dans une conception du monde en complet renouvellement.

Le posthumanisme est cependant plus radical, ou plus ambitieux. Il considère que le concept d'humain est une création culturelle inventée par une espèce biologique bien particulière, celle des homo sapiens sapiens. Or cette espèce, nous l'avons vu, est en train d'évoluer rapidement, notamment sous l'influence des nouvelles sciences et technologies. Mieux vaudrait considérer en ce cas qu'émerge progressivement une nouvelle espèce, celle de l'humain-post ou posthumain. Les deux espèces sont encore (Dieu merci, diront certains !), interféconde, mais ceci ne durera peut-être pas toujours.

Les nouvelles valeurs

Est-ce à dire que les valeurs morales qui, pendant plusieurs millénaires ont assuré la cohésion des sociétés anciennes, seront elles-aussi bouleversées par ces sciences et ces philosophies ? Sans aucun doute, dès lors que ces valeurs, ou prétendues telles par les conservateurs, constitueront des freins inutiles ou dangereux, face à ce que les humains impliqués dans les changements de civilisation estimeront être pour eux un avenir souhaitable. Les défenseurs de ces valeurs disparaîtront sans doute d'eux-mêmes, peut-être après quelques combats d'arrière-garde venant de ceux qui espéreraient s'abriter derrière elles pour s'éviter de changer. Certains résisteront y compris par les armes du fanatisme. On criera à la mort des valeurs morales. Mais il n'y a aucune raison de penser que les nouvelles civilisations émergeant de cette évolution seront sans valeurs morales, précisément parce qu'elles aussi, comme tout super-organisme, auront besoin de facteurs de cohésion. Elles forgeront d'elles-mêmes de nouvelles valeurs, mises en œuvre à travers les moyens de communication et éventuellement de contrainte permis par les techniques et les institutions du moment.

Parmi ces valeurs nouvelles, on retrouvera sans doute des morales religieuses. Rien ne permet de dire que les hommes de demain seront plus nombreux à rejoindre l'athéisme et la libre-pensée qu'aujourd'hui. Peut-être seulement seront-ils plus nombreux à nommer Dieu ce que les scientifiques d'aujourd'hui et de demain continueront à ne pas pouvoir élucider et à refuser de nommer. Mais il est bien d'autres valeurs qui n'ont rien de particulièrement religieux, rassemblant athées et croyants, qui seront conservées ou, plus exactement, transmutées. Ce sont celles qui intéressent l'humanisme, au sens noble du terme. Qu'est-ce que l'humanisme ? Le terme a d'abord servi à distinguer l'humain du monde animal et plus généralement du monde physique, tous deux considérés comme incapables de sentiments et de conscience. Aujourd'hui, la frontière ne tient plus. On découvre une continuité très « sympathique » entre les différents ordres d'existants. La continuité ne fera que se renforcer, avec les symbioses prévisibles entre machines, entités biologiques et humains. Ceux qui persisteront à donner à l'homme une place à part, éminemment supérieure, se déconsidéreront d'eux-mêmes.

Mais l'humanisme désigne aussi un domaine moral conservant toute son importance, celui qui sépare l'homme social et coopératif de l'homme asocial et destructeur. L'histoire a montré que les pires maux menaçant l'humanité de disparition viennent des hommes eux-mêmes, ou de certains d'entre eux. Spontanément, des barrages contre ceux-ci se sont édifiés au cours des siècles, symbolisés dans les imaginaires par les idéaux de coopération, d'altruisme, de création scientifique et artistique qui composent la palette morale de l'humanisme d'aujourd'hui. Rien ne permet d'affirmer que de tels idéaux ne seront plus nécessaires dans l'avenir.

En effet, comme le disait Brecht avec la grandiloquence de l'époque, le ventre est encore fécond (sera toujours fécond) d'où naquit la bête immonde. Les sociétés futures généreront elles-aussi leurs éléments destructeurs. Ceux-ci seront sans doute indispensables à la tension interne assurant la survie, comme les germes pathogènes sont indispensables à la survie des organismes sains, mais ils devront être, demain comme aujourd'hui, contenus par un système immunitaire toujours en éveil. Finalement, on peut penser que le posthumanisme poursuivra les mêmes buts que l'humanisme actuel, mais avec un référentiel de valeurs qui devra être adapté, car les obstacles à surmonter et les buts à atteindre auront eux-aussi changé.

Voilà donc beaucoup de bonnes raisons pour faire l'inventaire de l'humanisme, éliminer ce qui déjà tombe en poussière et construire du nouveau. Mais ceci impose-t-il de parler de posthumanisme, plutôt que se borner à rajeunir le vieil humanisme ? On peut évidemment en discuter. Disons que les subtilités n'étant pas toujours bien comprises par les opinions, remplacer le navire usé par un autre neuf, plutôt que tenter de réparer ses voies d'eau et le doter de nouvelles voiles, sera certainement plus motivant. D'autant que, derrière le terme d'humanisme, combattent encore les représentants des vieilles forces sociales et idéologiques dominantes, qui n'ont pas l'intention de se laisser éliminer sans résistance par des jeunes. Les valeurs de l'humanisme, comme à une plus grande échelle celles des religions, leur servent de boucliers derrière lesquels ils mènent leur contre-offensive. Les exemples de cela sont multiples. Lors de son voyage à Lourdes du 15 avril 2004, par exemple, le Pape Jean Paul II en appelait au sens de l'humain des femmes pour leur demander de respecter une conception de la vie aujourd'hui rejetée par toutes les médecines modernes, celle qui en profondeur tend à maintenir les femmes sous la sujétion des hommes. On sait aussi comment les comités d'éthique et autres prophètes du sacro-saint principe de précaution paralysent le développement des sciences et leurs applications dans les pays les plus pauvres, en fait pour protéger les intérêts d'industries et de commerces qui craignent de n'avoir pas le temps d'évoluer avant l'arrivée de concurrents plus efficaces. C'est ainsi que les normes de sécurité imposées aux vaccins par les règlements sécuritaires du Nord, sous la pression des industries du médicament qui y voient une occasion de développer à grands frais des produits sophistiqués, entravent l'accès des pays pauvres aux produits pharmaceutiques. L'éthique du Nord sacrifie, selon les termes de Philippe Kourilsky, ancien directeur général de l'Institut Pasteur, les malades du Sud.

Perversion possible du posthumanisme

On objectera, il est vrai, qu'il est toujours dangereux de changer les étiquettes, car de nouvelles appellations peuvent cacher des mélanges encore plus détonants que ceux contre lesquels on voulait se prémunir. Le terme de posthumanisme semblera peut-être ouvrir une voie dangereuse, non seulement vers l'élitisme mais vers de nouvelles formes de cloisonnement et d'exclusion. Si les posthumains sont en effet ceux qui bénéficient de toutes les facilités et perspectives des sciences et technologies émergentes, ils seront peu nombreux, quelques dizaines ou centaines de millions par rapport aux milliards d'humains ordinaires relégués dans leurs niches traditionnelles. Ils seront inévitablement conduits à s'isoler dans des espaces protégés, reléguant les autres dans le sous-développement. Cette tendance est déjà plus que visible. Le mouvement posthumaniste a surtout intéressé, jusqu'à présent, les élites intellectuelles des Etats-Unis. Beaucoup y ont vu une façon de marquer leur différence et leur droit à l'hégémonie sur le reste de l'humanité. Nous sommes déjà des posthumains, avait affirmé un représentant des néoconservateurs Américains. Ceci peut faire peur.

L'augmentation prévisible des affrontements entre les riches et les pauvres ne fera qu'accentuer le mouvement.

On peut à cet égard évoquer sans peine un scénario peu réjouissant. Très vite, les posthumains de l'Amérique du Nord et d'une petite partie de l'Europe affirmeront que ce sont eux qui détiennent les valeurs d'avenir de l'humanité. Les autres hommes seront répartis par eux en trois groupes n'ayant plus de liens d'appartenance, les posthumains, les humains et les non-humains. Par ce terme effrayant de non-humains, on désignera notamment les terrorismes fanatiques enfermés dans des mythologies d'un autre âge, qui n'hésiteront pas à détruire le monde développé en s'autodétruisant en même temps. On peut comprendre les hommes des sociétés développées de mal supporter des agressions qui menacent les bases mêmes de la civilisation qu'ils s'efforcent de construire. Mais rejeter les fanatiques dans le non-humain ne fera rien pour les apaiser et les ouvrir à la négociation. Quant aux humains, c'est-à-dire les populations immenses et diversifiées situées entre ces extrêmes, ils serviront d'après cette vision du monde de réservoirs de main-d'œuvre ou de boucliers aux belligérants. Tout peut laisser craindre alors que ce scénario ne soit celui de la catastrophe globale. Les soi-disant posthumains, malgré les ressources technologiques dont ils disposeront, ne pourront pas gouverner et faire progresser une Terre soumise à des conflits de civilisations capables de détruire toute organisation, aussi savante soit-elle.

Un scénario de partage

Mais faut-il associer obligatoirement posthumanisme et ségrégation raciste ? Ne peut-on envisager, précisément parce que les valeurs de cohésion s'imposeront à tous, que ce soit l'humanité tout entière qui accède progressivement à un niveau supérieur de développement. Ceux qui veulent promouvoir les sciences et les technologies dans un esprit de connaissance partagée le pensent. Aujourd'hui déjà, face à l'exploitation capitaliste et financière de la nature, conduite par des trafiquants qui trouvent des alliés au sein des populations les plus pauvres, certains militants s'efforcent de montrer à ces dernières qu'elles ont intérêt à maîtriser des technologies à la fois sophistiquées et simples d'emploi pour se procurer de l'eau et de l'énergie. De vastes ensembles politiques, la Chine, l'Inde, s'y efforcent, non sans susciter les critiques des démocrates de pays plus « avancés ».

Une des valeurs du posthumanisme pourrait être de rechercher à la fois l'avenir de l'humanité et la survie de la biosphère. Rassurons ceux qui ne croient pas à l'idéalisme des bons sentiments. Le scénario de partage que nous évoquons sera motivé par l'intérêt. Il relèvera de ce que l'on pourrait appeler l'altruisme compétitif : coopérer plutôt que s'entre-détruire.

La coopération n'intéressera-t-elle que les humains (ou les posthumains) ? Certainement pas. Nous avons indiqué en effet que si des conceptions idéalistes de la conscience humaine sont remises en cause par les sciences modernes, en contrepartie celles-ci conduisent à conférer une sorte de conscience primaire et même de langage à des espèces vivantes, voire à des phénomènes physiques jusqu'ici considérées comme matière première à exploitation destructrice. Selon la terminologie de Bruno Latour, il s'agira de « non-humains » (au sens cette fois-ci non péjoratif du terme) qui seront appelés progressivement à dialoguer, selon leurs paroles propres, avec les humains. Pour ce faire, ces non-humains pourront par exemple bénéficier des technologies développées dans les échanges langagiers entre humains et robots autonomes. Dans ce cas, nous proposons d'abandonner pour désigner de telles entités le terme de non-humains pour celui, moins réducteur, de presque-humains.

Ne pas en revenir au finalisme

Un autre point doit être évoqué lorsque l'on considère les perspectives que les sciences et technologies ouvriront à l'humanité de demain, c'est-à-dire à ces posthumains dont nous parlons. On entend souvent dire que, grâce à de nombreuses découvertes, notamment dans le domaine de la biogénétique et des neurosciences, les hommes deviendront capables de dessiner et produire le type d'humain qu'ils voudront devenir. De même, ils pourraient transformer à leur guise les espèces vivantes et l'environnement terrestre. Leur avenir, dit-on, sera dans leurs mains. Il sera ce qu'ils en feront. D'où l'appel à des mesures de prudence qui sont souvent une résurgence de l'esprit de conservation que nous évoquions plus haut.

Or, selon nous, rien n'est plus faux que cette vue des choses, tout au moins si l'on veut rester fidèle aux théories darwiniennes de l'évolution qui jusqu'ici se sont révélées les plus appropriées pour décrire le monde. L'évolution des posthumains restera soumise à la règle de la mutation/sélection, que ce soit dans le domaine génétique ou dans le domaine culturel. Toute décision se prétendant volontaire sera une émergence faisant suite à un processus involontaire beaucoup plus étendu, qui noiera les résultats de cette décision dans de nombreux autres phénomènes inattendus lui retirant la portée que les « volontaristes » croyaient lui donner.

On en voit déjà un exemple dans le domaine des modifications génétiques pourtant modestes que les industries du vivant essaient de mettre en œuvre. Elles enclenchent une cascade de réactions dans le milieu naturel et dans la société qui leur retire beaucoup de leur portée. Nous ne voulons pas dire que l'homme ne pourra pas modifier les génomes, et le sien même en premier lieu. Mais ces modifications ne seront qu'un aspect parmi d'autres du processus beaucoup plus large entraînant la posthumanité vers des avenirs imprévisibles et par conséquent non gouvernables. Pas sensiblement plus qu'avant, l'avenir de l'homme ne sera « entre ses mains ».

Mais, dira-t-on, la science n'offrira-t-elle pas aux décisions des humains des champs de référence informationnels et des possibilités considérablement augmentés, ce que nous appelons le « réel humanisé ». Ne serait-ce pas alors là une sorte de sous-système d'univers devenu transparent à lui-même et capable de s'autodiriger, capable peut-être à terme, comme le croit David Deutsch, d'entreprendre le gouvernement du cosmos tout entier, afin de le faire échapper à ses déterminismes physiques ? Peut-être, mais cette perspective, à supposer qu'elle se réalise, pose à ce moment la question de la conscience volontaire. Il n'existe pas, dans les conceptions de la conscience que nous propose actuellement la science, de conscience ayant la possibilité de jouer un rôle causal. La conscience supérieure, celle qui pourrait prétendre à être volontaire, n'est que l'expression, dans un langage permettant la communication, de mécanismes neuronaux et corporels sous-jacents bien antérieurs à son apparition. Transposée à l'échelle de la société posthumaine, cette affirmation signifierait que les décisions prétendues volontaires que croiraient prendre les posthumains seront l'émergence de processus sous-jacents de toutes sortes, biologiques, sociologiques et aussi physiques sur lesquels ils n'auront toujours pas prise, dont ils ne se rendront sans doute même pas toujours compte, faute notamment de temps et de moyens suffisants pour les étudier. Ceci veut dire que l'histoire du monde continuera à s'écrire comme elle l'a toujours fait, sur un mode non finalisé. Nous aurons sans doute une conscience plus élargie de certains phénomènes. Sur la base de celle-ci, nous prendrons sans doute des décisions plus ambitieuses, mais du fait même que par notre action nous ajouterons de la complexité au monde, nous n'augmenterons en rien nos possibilités d'agir sur lui au plan global.

Le posthumanisme et les sciences

Comment cette philosophie du posthumanisme, à la fois ambitieuse et modeste, s'exprime-t-elle en ce qui concerne les objectifs et les moyens de la recherche scientifique ? On constate de plus en plus une tendance à l'abandon des préjugés idéologiques qui, dans beaucoup d'esprits, lient encore le progrès scientifique et le Mal. On commence à considérer d'un œil positif les trop rares chercheurs qui, généralement sans soutien des grandes firmes ni des gouvernements, explorent des voies nouvelles. Ces recherches se situent à la frontière entre les disciplines, entre les genres. Elles mêlent le quantique et le macroscopique, le physique et le vivant, le biologique non-humain et le biologique humain, le matériel et le virtuel, l'inconscient et le conscient. Les conservateurs souhaitent plus que jamais les interdire sous prétexte qu'elles offensent des croyances imposées par ceux qui, dans les siècles précédents, voulaient maintenir les foules sous leur domination par la peur du châtiment qui suivrait la transgression. Mais ils perdent progressivement leur audience.

Le combat ne se mène pas uniquement dans les laboratoires. Il est aussi dans les conceptions idéologiques plus subtiles qui baignent encore profondément les sociétés modernes. Des modes de représentation profondément ancrés dans nos esprits réifient, c'est-à-dire transforment en vérités dont nous devrions tenir compte les prétendues réalités auxquelles renvoient tout à la fois les mots des langages ordinaires comme ceux des philosophies et des religions encore en vigueur. Nous avons vu, à propos de la critique des processus d'acquisition des connaissances qu'impose dorénavant la physique quantique et qui peuvent être généralisées à l'ensemble des domaines épistémologiques, qu'il n'y a pas de réel en soi, dans quelque domaine que ce soit. Tout est construit à l'intérieur d'un réel humanisé n'ayant de sens que pour les hommes qui en parlent, éminemment reconfigurable, discutable, relatif. Il n'y a pas d'Humanité en soi, ni de Bien ni de Mal, ni non plus de Dieux ou de Diables (surtout avec des Majuscules !).

D'une certaine façon, les posthumains retrouvent le mot d'ordre que pour notre part nous continuons à considérer comme magnifique, celui des anarchistes du XIXe siècle : « Ni Dieu ni Maître ». L'avenir n'est pas écrit. Il sera certainement pour une part tel que nous le ferons, mais il ne sera certainement pas tel que nous voudrions aujourd'hui qu'il soit. Il émergera tous les jours d'une évolution cosmologique dont les posthumains, s'ils laissent en eux parler la créativité propre à l'évolution tout entière, pourront être des témoins et des acteurs influents.

Table des matières

Philosophie

aux éditions L'Harmattan

Dernières parutions

APERÇUS SUR L'INITIATION MAÇONNIQUE ET LE RÉGIME ÉCOSSAIS RECTIFIÉ
Essai de contribution à un retour aux sources de la Franche-Maçonnerie
Hélaine Jacques
Ces aperçus sont une invitation à prendre connaissance de la Franche-Maçonnerie écossaise Rectifiée. En dehors de toute visée œcuménique, il s'agit de reconnaître l'unité fondatrice de la tradition initiatique elle-même. Il s'agit de retrouver la voie qui mène à la Vérité, là où au-delà de ces temps d'apparence si trouble, règnent l'Union, la Paix et le silence, là où, Orient et Occident se fondent dans l'Un des origines.
(12.00 euros, 100 p.)
ISBN : 978-2-343-04276-3, ISBN EBOOK : 978-2-336-35960-1

ANTHROPOLOGIE DE L'EXCLUSION OU L'EXIL DE LA CONDITION HUMAINE
Dias de Carvalho Adalberto
Préface de Didier Moreau
Ce livre est conçu comme un essai sur la nécessité, en éducation et en travail social, d'adopter un changement stratégique de paradigme envers ceux qui devraient être les objectifs de tout projet concernant la formation et l'aide aux personnes. Dans tous les cas, il s'agit de comprendre que la réalisation, aussi bien que la réorganisation des itinéraires de vie, exigent la capacité d'affronter des aléas, des phases indéfinies, des mutations, des fluctuations, etc., qui n'ont rien à voir avec la rigidité des principes abstraits, ni avec la consistance des pratiques stables, ni avec la sécurité des comportements convenus.
(Coll. La philosophie en commun, 31.00 euros, 314 p.)
ISBN : 978-2-343-04136-0, ISBN EBOOK : 978-2-336-35822-2

CHARLES DE BOVELLES ET SON ANTHROPOLOGIE PHILOSOPHIQUE
Gainsi Grégoire-Sylvestre
Aller à la découverte de l'homme et de son humanité aujourd'hui, c'est traverser de part en part la question de l'humanisme, qui est plus que jamais une préoccupation sociale, politique, économique et religieuse. À cette question de l'homme et sur l'homme, Charles de Bovelles (1479-1566), philosophe, théologien et mathématicien français, apporte des réponses qui ouvrent les portes d'une anthropologie philosophique sapientielle.
(Coll. Ouverture Philosophique, 28.00 euros, 276 p.)
ISBN : 978-2-343-04278-7, ISBN EBOOK : 978-2-336-35903-8

CONCEPTION (LA) TECHNO-ÉCONOMIQUE DU TEMPS

Correa Eugenio

Dans ce livre Eugenio Correa propose une interprétation philosophique de l'idée du temps. D'abord, il s'interroge sur l'existence du temps et ses différentes notions historiques. Il nous fait voir le rapport du temps à la nature et à la création. De même il aborde le lien entre le temps, l'argent et l'homme. Enfin, l'auteur cherche à nous mettre en alerte contre les dérapages du temps technique et il insiste sur les limitations de l'actuelle conception techno-économique du temps.

(Coll. La philosophie en commun, 20.00 euros, 206 p.)

ISBN : 978-2-343-02907-8, ISBN EBOOK : 978-2-336-35880-2

DU SENS DE L'HISTOIRE

Essai d'épistémologie

Press Frédéric

L'histoire a-t-elle un sens ? Il s'agit ici d'une enquête sur les composantes essentielles du passé : le temps, la mémoire, le discours, l'évènement et l'homme, tout fait lien. Essai d'historiographie et interrogation sur la valeur de l'histoire, cette étude entend élargir la définition et les fonctions d'un genre – d'une science ? – aux contours encore incertains.

(Coll. Ouverture Philosophique, 26.00 euros, 260 p.)

ISBN : 978-2-343-03606-9, ISBN EBOOK : 978-2-336-35719-5

ÉTHIQUE ET CONNAISSANCE

Smadja Robert

Il ne s'agit pas dans ces pages de constituer une théorie exhaustive de la morale, mais plus modestement de tenter de repérer, parmi les théories anciennes ou plus contemporaines, les éléments essentiels permettant de constituer pour nous, aujourd'hui, une réflexion morale sur des bases aussi rationnelles que possible. L'auteur associe constamment morale et politique, morale privée et morale publique, et essaie de montrer qu'aucune théorie prise isolément ne suffit à constituer une morale réelle.

(Coll. Ouverture Philosophique, 27.00 euros, 266 p.)

ISBN : 978-2-343-04608-2, ISBN EBOOK : 978-2-336-35842-0

FRANÇOIS CHIRPAZ, CHEMINS DE PHILOSOPHIE

Entretiens avec Emmanuelle Bruyas

Chirpaz François, Bruyas Emmanuelle

« Il convient plutôt de s'attacher à ce que signifie : être un homme ». Ce mot de Kierkegaard peut servir de fil conducteur à ces entretiens attachés à restituer le chemin de pensée de François Chirpaz. Un itinéraire philosophique s'efforçant de comprendre ce vivant que nous sommes, à travers la tradition des philosophes, bien sûr, mais également l'œuvre littéraire, la psychanalyse ou le texte biblique. Mais toujours en le rapportant à la question de la vie et de son destin.

(Coll. Pour Comprendre, 18.00 euros, 184 p.)

ISBN : 978-2-343-04436-1, ISBN EBOOK : 978-2-336-35853-6

LOGIQUE ET MÉTAPHYSIQUE DE LA CONNAISSANCE
Cahiers épistémo-logiques N° 2-2014
Sous la direction de Bowao Charles Zacharie, Nguimbi Marcel
En s'appuyant sur l'expression «métaphysique de la connaissance», les contributions présentées ici témoignent d'une volonté toujours renouvelée de comprendre et de connaître la connaissance. Comprendre la connaissance, comprendre la logique de la connaissance, comprendre la métaphysique de la connaissance et donc comprendre la relation de conjonction liant la «logique» à la «métaphysique de la connaissance», tel est le défi de ce second volume des *Cahiers épistémo-logiques.*
(Coll. Cahiers épistémo-logiques, 25.50 euros, 252 p.)
ISBN : 978-2-343-04504-7, ISBN EBOOK : 978-2-336-35772-0

MICHEL FOUCAULT ET LA DIGNITÉ HUMAINE
Guimaraens Lucas
La dignité humaine est une notion polysémique et « floue ». Il est donc important de comprendre sa construction juridique afin de mesurer les enjeux philosophico-politiques de son usage et son rapport avec les droits de l'homme. La pensée de Michel Foucault est ici utilisée comme méthode d'approche de cette notion. Il est question ici de repérer parmi les documents juridiques, philosophiques, médiatiques, etc., le sens possible de cette notion dans ces différents contextes en nous référant à l'usage régulier qui en est fait dans le monde juridique actuel.
(17.00 euros, 176 p.)
ISBN : 978-2-343-04090-5, ISBN EBOOK : 978-2-336-35854-3

PANORAMA DE LA PHILOSOPHIE AU CAMEROUN
Mono Ndjana Hubert
On ne connaît pas beaucoup les philosophes camerounais dans le monde et les philosophes camerounais ne se connaissent pas beaucoup eux-mêmes, entre eux, chacun évoluant apparemment seul dans son domaine. Ce livre s'efforce de donner, pour la toute première fois, une présentation aussi complète que possible de la philosophie camerounaise : personne ne se demandera plus s'il y a de la philosophie au Cameroun et quels sont les brillants esprits qui l'ont animée et qui la poursuivent.
(Coll. Harmattan Cameroun, 26.50 euros, 256 p.)
ISBN : 978-2-343-03945-9, ISBN EBOOK : 978-2-336-35841-3

PHILOSOPHIE ET POLITIQUE CHEZ ARTURO ANDRÉS ROIG
Vers une philosophie de la libération latino-américaine (1945-1975)
Gonzalo Ferreyra Luis
Préface de Pierre Vermeren
Cet ouvrage résulte du souhait, à partir de la mise en relation du discours philosophique avec le politique, de rendre compte des allers-retours de la pensée d'un des philosophes majeurs de l'Amérique latine. Voici mis en scène un philosophe et son combat au milieu des circonstances institutionnelles et politiques où se produit le discours philosophique.
(Coll. La philosophie en commun, 34.00 euros, 330 p.)
ISBN : 978-2-343-00843-1, ISBN EBOOK : 978-2-336-35768-3

SAVOIRS (LES) SITUÉS DE SANDRA HARDING ET DONNA HARAWAY – Science et épistémologies féministes

Puig de la Bellacasa Maria

La pensée de deux auteurs incontournables des études féministes anglo-américaines : Sandra Harding et Donna Haraway est ici explorée. L'ouvrage introduit les trajets de ces deux auteures autour du statut « épistémologique » donné à l'expérience des femmes, la critique de l'objectivité dans les sciences et technosciences contemporaines, leur approche des mondes « non humains », et leurs propositions pour des savoirs « positionnés » et « situés ».

(Coll. Ouverture Philosophique, 25.00 euros, 252 p.)

ISBN : 978-2-343-03223-8, ISBN EBOOK : 978-2-336-35738-6

SUBJECTIVITÉ (LA) À L'ÉPREUVE DU MAL

Réfléchir avec Jean Nabert à une philosophie de l'intériorité

Udaga Dieudonné

Pourquoi l'humanité dans son ensemble ne s'améliore-t-elle pas ? Pourquoi le progrès moral ne suit-il pas le progrès scientifique et technique ? Les prisons seront-elles fermées un jour ? Toutes ces questions font écho de la réalité du mal dans sa force, dans son cycle interminable : un mal appelle un autre mal.

(Coll. Ouverture Philosophique, 41.00 euros, 438 p.)

ISBN : 978-2-343-04249-7, ISBN EBOOK : 978-2-336-35800-0

À L'ORIENT DE MICHEL HENRY

Vaschalde Roland

Ce recueil témoigne d'un double ancrage : dans la phénoménologie de la vie de Michel Henry et dans la tradition zen. En confrontant ces deux pensées, il montre la fécondité d'une mise en relation de deux approches philosophiques radicales de la réalité humaine sise dans la vie qui la porte et constitue son origine absolue. L'auteur lit chez Michel Henry, dont il fut l'élève et l'ami, les catégories capables d'établir une lecture croisée entre deux formes d'exploration rigoureuses de la subjectivité.

(Editions Orizons, Coll. La main d'Athéna/ Philosophie, 13.00 euros, 122 p.)

ISBN : 978-2-336-29872-6, ISBN EBOOK : 978-2-336-35883-3

BERDIAEFF, PHILOSOPHE

Dignité humaine et fraternité transcendantale

Tshingola Jean - Préface de Michel Dupuis

Il s'agit ici de prendre au sérieux le programme métaphysique de Berdiaeff, selon qui nous restons en recherche d'une «véritable anthropologie religieuse et métaphysique». Une dignité fondée sur la fraternité des humains, voilà qui ouvre à un authentique personnalisme renouvelé. Une telle lecture réellement psychologique de Berdiaeff est en mesure d'affronter quelques défis majeurs de nos cultures technoscientifiques où l'humain est mis en question.

(26.00 euros, 250 p.)

ISBN : 978-2-343-02589-6, ISBN EBOOK : 978-2-336-35389-0

L'HARMATTAN ITALIA
Via Degli Artisti 15; 10124 Torino

L'HARMATTAN HONGRIE
Könyvesbolt ; Kossuth L. u. 14-16
1053 Budapest

L'HARMATTAN KINSHASA
185, avenue Nyangwe
Commune de Lingwala
Kinshasa, R.D. Congo
(00243) 998697603 ou (00243) 999229662

L'HARMATTAN CONGO
67, av. E. P. Lumumba
Bât. – Congo Pharmacie (Bib. Nat.)
BP2874 Brazzaville
harmattan.congo@yahoo.fr

L'HARMATTAN GUINÉE
Almamya Rue KA 028, en face du restaurant Le Cèdre
OKB agency BP 3470 Conakry
(00224) 60 20 85 08
harmattanguinee@yahoo.fr

L'HARMATTAN CAMEROUN
BP 11486
Face à la SNI, immeuble Don Bosco
Yaoundé
(00237) 99 76 61 66
harmattancam@yahoo.fr

L'HARMATTAN CÔTE D'IVOIRE
Résidence Karl / cité des arts
Abidjan-Cocody 03 BP 1588 Abidjan 03
(00225) 05 77 87 31
etien_nda@yahoo.fr

L'HARMATTAN MAURITANIE
Espace El Kettab du livre francophone
N° 472 avenue du Palais des Congrès
BP 316 Nouakchott
(00222) 63 25 980

L'HARMATTAN SÉNÉGAL
10 VDN en face Mermoz, après le pont de Fann
BP 45034 Dakar Fann
33 825 98 58 / 33 860 9858
senharmattan@gmail.com / senlibraire@gmail.com
www.harmattansenegal.com

L'HARMATTAN BÉNIN
ISOR-BENIN
01 BP 359 COTONOU-RP
Quartier Gbèdjromèdé,
Rue Agbélenco, Lot 1247 I
Tél : 00 229 21 32 53 79
christian_dablaka123@yahoo.fr

Achevé d'imprimer par Corlet Numérique - 14110 Condé-sur-Noireau
N° d'Imprimeur : 113885 - Dépôt légal : décembre 2014 - *Imprimé en France*